AF349794

INSTRUCTION

ADRESSÉE

Aux Artistes Vétérinaires.

S'IL est une circonstance propre à faire éclater l'importance de l'Art vétérinaire, & qui doive exciter le zèle & l'émulation des Artistes qui le professent, c'est celle, sans contredit, qu'a fait naître la sécheresse qui dévaste depuis si long-temps les campagnes.

Justement alarmé sur le sort des fidèles compagnons de ses travaux, de qui le Cultivateur a-t-il droit d'attendre des secours efficaces, des conseils salutaires, sinon des Artistes qu'il sait avoir fait une étude particulière de tous les moyens qui tendent à la confervation des animaux ? Ce feroit fe tromper en effet, de la part des Artiftes vétérinaires, & n'avoir de leur art qu'une idée fauffe & infuffifante, que de croire qu'il fe borne uniquement à traiter les animaux malades ; empêcher qu'ils ne le deviennent, voilà fans doute fon principal objet & fon plus beau triomphe.

Les moyens de prévenir le mal ne font pas tous, il eft vrai, au pouvoir des Artiftes ; mais les fecours même qu'ils ne peuvent procurer, c'eft à eux encore à les indiquer. Voifins du mal, obligés par état d'en étudier, d'en embraffer tous les détails, c'eft à eux à en faire connoître le remède ; c'eft à eux à diriger la main bienfaifante du Gouvernement, toujours prête à s'ouvrir pour le foulagement des Peuples.

(3)

C'eſt pour mettre les Artiſtes vétérinaires à même de remplir une fonction
auſſi glorieuſe & auſſi utile, qu'on a
cru devoir leur adreſſer les queſtions
& les conſeils ſuivans, & les exhorter
à répondre avec préciſion aux premières,
& à donner aux ſeconds toute l'attention
dont ils ſont capables.

1.° Quel eſt, en ce moment, l'état des
fourrages dans le pays habité par chaque
Artiſte ?

2.° Le pays abonde-t-il en pâturages ! de
quelle nature ſont-ils ! ſont-ils naturels ou
artificiels ! de quelles Plantes ſont formés
les derniers !

3.° Quelle eſt l'eſpèce d'animaux qu'on
élève le plus communément dans le pays,
& dont on fait le plus grand commerce,
des Chevaux, des Bœufs, des Moutons,
des Chèvres & des Cochons !

4.° Y a-t-il, dans les années ordinaires,
une proportion à peu-près exacte entre

les beftiaux que l'on nourrit & les alimens qu'on a à leur donner; c'eft-à-dire, élève-t-on plus ou moins d'animaux qu'on n'en peut nourrir!

5.° Quel eft, par approximation, le *déficit* à remplir cette année, pour atteindre la proportion & rétablir la balance!

6.° Quelles font, en général, la nature & la pofition du fol! eft-il léger ou compacte, froid ou chaud, fec ou humide, bas ou élevé! enfin, jufqu'à quel point eft-il fufceptible de fe reffentir des effets de la féchereffe!

7.° Quelle a été fa durée! n'a-t-elle pas été précédée par une chute abondante de neige!

8.° Quel étoit, l'année dernière, l'état de la récolte de fourrages!

9.° Quel eft leur prix actuel, & quelle eft la différence avec celui qu'ils ont année commune!

10.° Les animaux ont-ils déjà fouffert de la difette!

11.° Quels moyens a-t-on cru devoir prendre pour en prévenir les effets! a-t-on vendu les beſtiaux, ou les a-t-on tués pour en conſerver la chair, ou enfin, a-t-on imaginé quelques moyens de ſuppléer au manque de fourrages?

Ces moyens ſont en aſſez grand nombre, & la plupart ſont applicables dans tous les pays. Voici les principaux.

Semer dans les jachères des avoines, des orges qui donneront en peu de temps un fourrage abondant & ſalubre.

Faucher avant la formation de l'épi les avoines & les orges ſemés en Mars, ils repouſſeront, & la récolte n'en ſera pas moins abondante.

Enſemencer les terres en repos en veſces, lentilles, pois chiches, fé-vrolles, colſat, maïs ou blé de Tur-quie, en pommes de terre, topinam-bours, citrouilles, choux, carottes, raves & sur-tout en navets. Les feuilles de ces derniers forment une assez bonne nourriture ; la soustraction de ces feuilles est au profit de la racine qui en devient plus grosse. Les navets ne restent pas long-temps en terre , ils ne l'appauvrissent point, ils l'engraissent même selon le témoignage d'un grand nombre d'Agriculteurs.

Les laitues, les aroches, les bettes., presque toutes les espèces de légumes, le haut jonc, ou jonc marin, ou genêt épineux, les feuilles & les sommités de plusieurs sortes d'arbres , tels que l'orme, le chêne, le frêne, le saule, l'érable, le peuplier, les marcs de navette, de noix, de colsat, de graine de lin, de chenevi, de raisin ; les cosses de pois & de féves, le gland, la faîne, l'extrémité des tiges de vigne, rompues après le nœud qui suit la dernière grappe, font autant de reſſources auxquelles on peut recourir avec avantage. Il y en auroit encore beaucoup à faucher les prairies, tant naturelles qu'artificielles, dans l'état où elles ſont actuellement ; il eſt preſque certain qu'elles donneroient une ſeconde coupe meilleure que la première. On peut auſſi, ſur les bords de la mer, nourrir les beſtiaux avec les algues, les varecs, les chriſtes marines, après les avoir fait bouillir quelque temps dans l'eau douce.

Le ſarraſin & les orties viennent aſſez bien dans les plus mauvaiſes terres, les bêtes à cornes mangent volontiers les dernières, on aſſure qu'elles donnent beaucoup de lait aux vaches.

Il n'eſt point de Cultivateurs qui ne puiſſent profiter de quelques-unes de ces reſſources, mais il faut qu'ils les connoiſſent, & c'eſt aux Artiſtes vétérinaires à les leur indiquer. S'ils ne préviennent pas tous les accidens, ils auront certainement la gloire d'en avoir diminué la fomme ; ceux même qui auront trompé leur vigilance, leur art leur fournira encore les moyens de les combattre ; mais qu'ils ne perdent jamais de vue que leurs efforts ne feront heureux qu'autant qu'ils attaqueront le mal dans fon principe. Avec quelle activité ne doivent-ils donc pas veiller à en faifir les premiers indices ! Ils auront grand foin d'en informer fur le champ M. Bertier, Intendant de Paris, qui s'empreffera de leur faire paffer & les confeils qu'exigeront les circonftances, & les moyens de les mettre à exécution.

Les Artiftes doivent craindre trois fortes de maladies : les premières, dûes à la féchereffe, s'annonceront par une fièvre ardente, la chaleur de l'air expiré & de toute l'habitude du corps, l'étincellement des yeux, la dureté & l'embarras du pouls, l'aridité de la peau, la fécherefſe du mufle & de la bouche, la rougeur des urines, la folidité des excrémens, l'inapétence, tous les fignes enfin d'une violente inflammation.

Les maladies de la feconde claſſe, produites par la difette d'alimens, feront reconnues à l'abattement & l'exténuation des malades, à l'adhérence de la peau aux os, à la couleur terne & piquée du poil, à la petiteſſe & la rareté du pouls, à tous les fignes enfin qui annoncent l'appauvriſſement du fang & des humeurs.

Les maladies de la troifième claſſe, dûes à la mauvaife qualité des alimens, que la difette aura forcé de donner aux animaux, porteront tous les caractères de la perverſion, de la putréfaction des humeurs, comme la foibleſſe, la lenteur, & ſur-tout la petiteſſe du pouls, la fétidité de l'haleine & de toutes les excrétions, la proſtration abſolue des forces, &c.

La ſaignée, les délayans, les tempérans, & ſur-tout les acides & les nitreux, fourniront les armes propres à combattre les maladies de la première claſſe. On doit donner la préférence à l'acide du vinaigre de vin, parce que ce remède ſe trouve par-tout, qu'il ne coûte preſque rien, & qu'une longue expérience en a prouvé l'efficacité, tant pour guérir les maladies des beſtiaux, que pour les en préſerver.

Celles de la ſeconde claſſe ne céderont qu'à l'uſage d'alimens de bonne qualité, donnés d'abord avec modération, & augmentés par gradation ; les

Plantes fraîches de bonne nature, les farines de toutes les productions céréales, rempliront très-bien toutes les indications : il fera bon feulement d'y joindre des fumigations & des fomentations émollientes, pour détendre la peau, & en faciliter le détachement.

On préviendra les effets de la putréfaction, par une adminiftration fage des évacuans, des anti-feptiques & des toniques ; on doit toujours donner la préférence aux moins chers de ces médicamens, tels que les baies de genièvre & de laurier, toutes les Plantes aromatiques indigènes, réduites en poudre & étendues dans des breuvages acidulés : lorfque la corruption des humeurs fera compliquée avec l'inflammation, il faudra avoir recours au camphre & au quinquina ; mais ces deux fubftances étant très-chères, on doit être très-réfervé dans leur adminiftration.

Les Artiftes doivent s'attendre encore à voir les fymptômes de ces trois claffes de maladies, fe confondre dans les mêmes fujets, felon qu'ils auront plus ou moins participé aux diverfes caufes qui les produifent. On les verra fe compliquer encore avec les fymptômes des maladies endémiques, dûes à des circonftances particulières & locales; on fent que dans ces cas, il faut que le traitement foit modifié de manière à répondre à toutes les indications que préfentera la maladie.

Tels font les moyens généraux que les Artiftes doivent mettre en ufage; l'Adminiftration s'empreffera de leur en faire paffer de particuliers aux circonftances qu'ils lui auront fait connoître. En fuivant exactement la marche

(13)

qui leur eſt indiquée, ils s'aſſureront la
confiance, l'eſtime & la reconnoiſſance
publique; ils juſtifieront les bienfaits du
Gouvernement, & mériteront d'en
obtenir de nouveaux.

*A Alfort, ce vingt-cinq mai mil ſept
cent quatre-vingt-cinq.*

A PARIS,

DE L'IMPRIMERIE ROYALE.

M. DCCLXXXV.